Louiza Ouksel

Efeito antioxidantede um α-aminofosfonato

Louiza Ouksel

Efeito antioxidantede um α-aminofosfonato

ScienciaScripts

Imprint

Cover image: www.ingimage.com

This book is a translation from the original published under ISBN 978-620-6-72916-7.

Publisher:
Sciencia Scripts
is a trademark of
Dodo Books Indian Ocean Ltd. and OmniScriptum S.R.L publishing group

120 High Road, East Finchley, London, N2 9ED, United Kingdom
Str. Armeneasca 28/1, office 1, Chisinau MD-2012, Republic of Moldova, Europe
Managing Directors: Ieva Konstantinova, Victoria Ursu
info@omniscriptum.com

Printed at: see last page
ISBN: 978-620-8-37031-2

Efeito antioxidante de um α-aminofosfonato

Antioxidante / Radicais livres / Pele saudável

Sessões de assinatura

- Dedico este trabalho à memória da minha mãe, do meu pai e dos meus avós, que Alá todo-poderoso lhes conceda paz e misericórdia.
- *Ao* meu marido, que me ajudou muito com os seus conselhos.
- *Às* minhas filhas Imen, Amina e Maissa Nour el Houda.
- *Ao* meu irmão Mohammed e *à* minha irmã Zahia.

PREÂMBULO

Durante os processos metabólicos, o organismo sofre reacções de oxidação e redução que conduzem à produção de radicais livres. O equilíbrio entre a produção e a eliminação destes radicais assegura a manutenção das funções fisiológicas normais do organismo. No entanto, a sua produção excessiva provoca danos nas moléculas biológicas, provocando lesões nos tecidos e o aparecimento de muitas doenças.

O organismo pode ser protegido contra os danos oxidativos causados por estas moléculas através de antioxidantes. Por estas razões, a procura de novas moléculas tornou-se um dos principais objectivos da investigação a nível mundial. Nos últimos anos, os investigadores têm-se concentrado na síntese de compostos lipofílicos denominados fosfonatos. Estes compostos caracterizam-se por uma ampla atividade biológica e farmacológica e, por conseguinte, pela capacidade de reduzir e/ou tratar doenças ligadas ao stress oxidativo.

Os α-aminofosfonatos, em particular, são considerados uma classe importante de fosfonatos, com estruturas semelhantes às dos aminoácidos. São compostos de baixa toxicidade e biologicamente activos. Este facto confere-lhes aplicações biológicas e medicinais.

O objetivo deste livro é a síntese de um novo derivado do ácido α-aminofosfonato pelo método clássico e por irradiação de micro-ondas, a sua identificação por vários métodos de análise físico-química e, posteriormente, a demonstração da sua atividade antioxidante.

Capítulo I: é dedicado ao estudo bibliográfico que apresenta noções gerais sobre os α-aminofosfonatos, os seus métodos de síntese e as suas aplicações em diferentes domínios.

Capítulo II: descreve os métodos utilizados para avaliar a atividade antioxidante, representados por um método químico (teste DPPH) e um método eletroquímico (voltametria cíclica).

O Capítulo III apresenta e discute os vários resultados experimentais obtidos.

Índice

Capítulo 1: α-Aminofosfonatos

1.1 Introdução

A história dos fosfonatos começou em 1865, em Marburgo, quando Nikolaï Menchoutkine descreveu a síntese de bisfosfonatos através de uma reação entre o ácido fosforoso e o cloracetilo. Graças às suas propriedades físico-químicas, os fosfonatos têm uma vasta gama de aplicações em diferentes sectores.

1.2 α-aminofosfonatos

Os compostos a-aminofosfonatos são uma família específica de fosfonatos que se encontram amplamente distribuídos e estão envolvidos em muitos processos biológicos importantes. A presença do átomo de azoto nos a-aminofosfonatos aumenta o seu poder quelante em relação aos metais e a estabilidade dos complexos formados. Entre esta categoria de aminofosfonatos, os ácidos α-aminofosfónicos são os compostos mais importantes devido às suas estruturas, que são semelhantes às dos aminoácidos, em que o grupo carboxílico -COOH é substituído pelo ácido fosfónico P(O) $(OH)_2$.

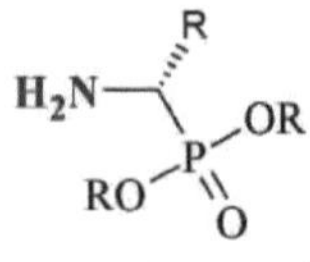

Figura I.1: Estrutura dos α-aminofosfonatos.

Ouksel et al sintetizaram três derivados de a-aminofosfonatos pelo método Moedritzer-Irani.

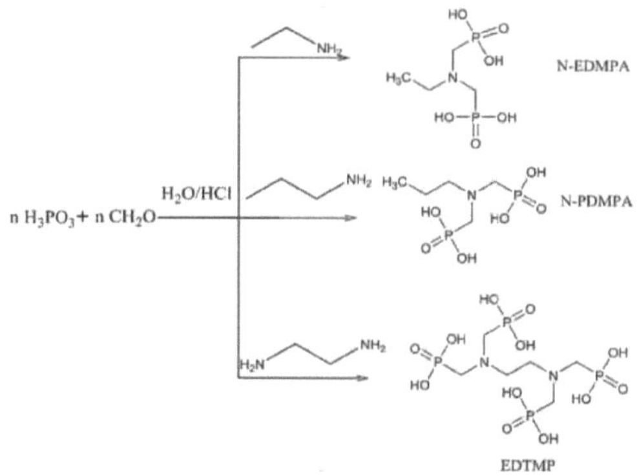

Figura I.2: Síntese de *α-aminofosfonatos* ácidos.

Tlidjane et al sintetizaram um derivado do ácido α-aminofosfónico através da reaçao entre amina e ácido fosfórico e tiofenos carboxaldeído, sendo a mistura submetida a irradiação por micro-ondas (100 w) durante 3-8 min.

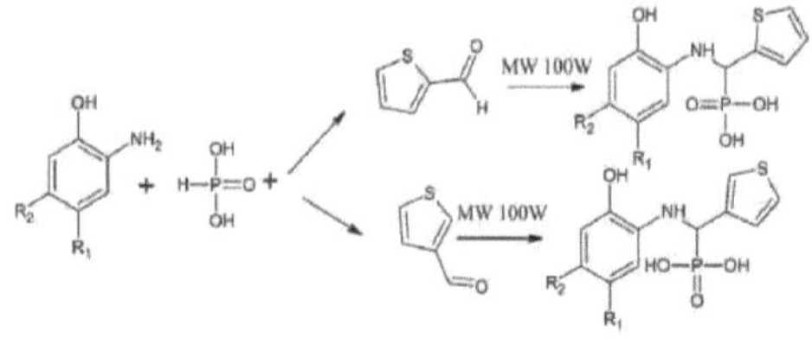

Figura I.3: Síntese de ácidos α-aminofosfonatos por micro-ondas.

Damiche et al. sintetizaram novos α-aminofosfonatos bioactivos através da reação de três componentes entre um composto de carbonilo (aldeído), que tem carácter electrofílico, e uma amina e fosfito de dietilo, que têm carácter nucleofílico. Os produtos sintetizados foram preparados numa proporção molar 1/2/2 de amina, aldeído e fosfito de dietilo, respetivamente.

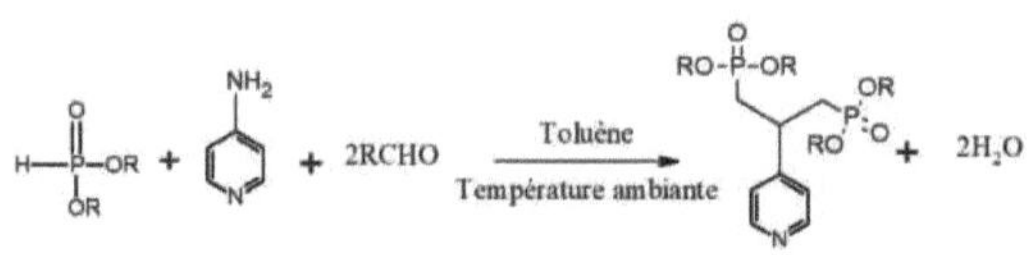

Figura I.4: Síntese de ésteres de α-aminofosfonato.

Varalakshmi et al prepararam uma série de n-aminofosfonatos utilizando a reação de Kabachnik-Fields entre três compostos 4-amino-2,6- dibromofenol, uma série de aldeídos heterocíclicos/fenil-substituídos e dietilfosfito, catalisada por $CeCl_3.7H_2O$ (5 mol%) sob irradiação de micro-ondas.

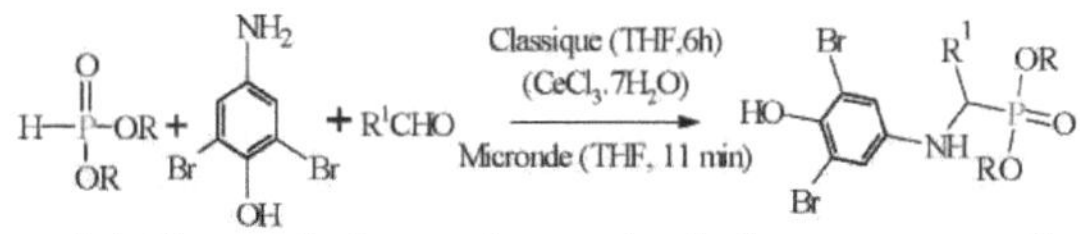

Figura I.4: Síntese de ésteres de α-aminofosfonato com catalisador.

I.3Aplicações dos α-aminofosfonatos

Os fosfonatos, e em particular os α-aminofosfonatos, são considerados desde há muito um dos compostos mais utilizados em vários domínios da vida. De seguida, apresentamos algumas áreas de aplicação em biologia e medicina.

I.3.1 Biologia

Os α-aminofosfonatos são amplamente utilizados na biologia e são os compostos mais interessantes para o ser humano. Possuem diversas actividades biológicas, tais como: antibacteriana, antifúngica, antiviral, anti-inflamatória, anti-hipertensiva, antituberculosa, antioxidante e inibidora de enzimas.

Os ácidos α-aminofosfónicos têm sido utilizados como intermediários na síntese de inibidores de proteases e como "haptenos" de anticorpos catalíticos.

Hellal et al sintetizaram, caracterizaram e avaliaram in vitro a atividade antibacteriana e antifúngica de uma nova série de três ácidos α-aminofosfónicos utilizando quatro tipos de bactérias Gram-positivas e quatro tipos de bactérias Gram-negativas. Este estudo mostra que os compostos estudados são agentes antibacterianos e antifúngicos muito interessantes.

Os α-aminofosfonatos são inibidores eficazes de muitas enzimas, frequentemente as envolvidas no metabolismo dos aminoácidos.

Damiche e chafaa estudaram as propriedades biológicas de uma nova série de moléculas bioactivas pertencentes à família dos α-aminofosfonatos, cujos resultados indicam que estas moléculas têm propriedades antioxidantes, anti-inflamatórias e antibacterianas significativas e baixa toxicidade.

I.3.2 Em medicina

Os α-aminofosfonatos podem ser utilizados como antioxidantes. Um estudo de Guna Subba Reddy et al preparou uma série de derivados de α-aminofosfonatos e avaliou as suas actividades antioxidantes.

Huang et al desenvolveram a síntese de uma nova série de α-aminofosfonatos derivados do ácido dehidroabiético, tendo estes derivados sido examinados in vitro contra células tumorais. Os resultados obtidos mostraram uma maior atividade anticancerígena do que o 5-fluorouracil (o medicamento anticancerígeno utilizado como referência).

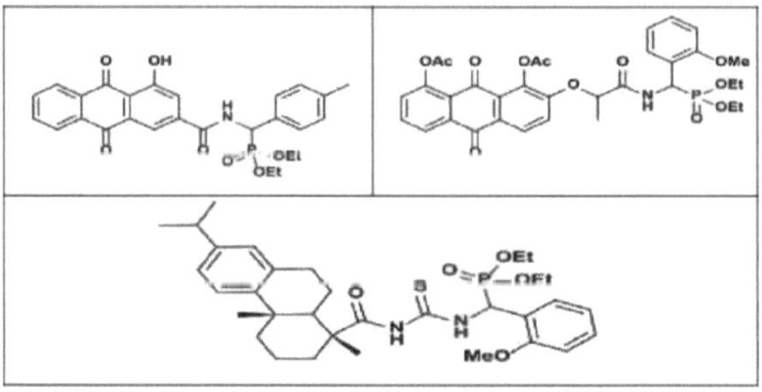

Figura I.5: Estruturas de a-aminofosfonatos com atividade anti-tumoral.

I.4 Síntese de α-aminofosfonatos

1.4.1 Síntese clássica

2Misturam-se 2 mmol (0,432 mg) de amina (4,4'-TDA) num balão de dois tubos com 8 mmol (0,4 ml) de H3PO3, 10 ml de HCl e 20 ml de H O. A mistura foi agitada vigorosamente a uma temperatura de 110°C durante 1 hora, depois adicionou-se 16 mmol (0,3 ml) de formaldeído, gota a gota, num sistema de refluxo durante 2 horas, sob uma atmosfera de N2. No final da reação, o produto foi extraído com etanol e recuperado como um sólido vermelho-tijolo, lavado várias vezes com etanol, filtrado e seco.

1.4.2 Síntese por micro-ondas

A utilização de micro-ondas (MO) para acelerar uma reação química é uma alternativa válida a outros métodos de aquecimento (refluxo, banhos de óleo ou de areia), os mais utilizados, e pode ser particularmente eficaz quando os processos convencionais são limitados ou ineficazes.

A ativação por micro-ondas resulta de duas contribuições, a primeira de origem puramente térmica resultante da agitação molecular provocada pela inversão dos dipolos com as alternâncias do campo elétrico. A segunda, o aquecimento por irradiação de micro-ondas, foi desenvolvida no domínio da síntese orgânica na sequência dos trabalhos de Gedye e Giguerre em 1986.

O protocolo geral para a síntese por micro-ondas consiste em misturar 1 mmol (0,216 mg) da amina (4,4'-TDA) com 4 mmol (2 ml) de H3PO3 na presença de 10 ml de HCl e 10 ml de ¾O num Erlenmeyer, submeter a mistura a uma agitação vigorosa e, em seguida, submetê-la a uma irradiação por micro-ondas a uma potência de 30W durante dois minutos, adicionando depois 8 mmol (0,15 ml) de formaldeído gota a gota. No final da reação, o produto foi recuperado com etanol sob a forma de um sólido vermelho-tijolo, lavado várias vezes e seco.

I.4.3 Evaporação

A evaporação rotativa é uma técnica de separação rápida e eficiente, que utiliza um aparelho baseado na destilação de vácuo simples, que permite a remoção rápida, embora parcial, de grandes quantidades de solvente, frequentemente designada por "Rotavap". A mistura reacional é colocada no balão vertical, que é imerso num banho de água. Este é inclinado e rodado (100 RPM) para criar uma película de líquido e aumentar a área de superfície para a evaporação do solvente. A pressão no interior do conjunto é reduzida por meio de uma bomba, no nosso caso utilizámos um tubo de água, o que aumenta a taxa de evaporação. Após a condensação no refrigerante, o solvente é recuperado no frasco à esquerda.

I.5 Identificação do produto sintetizado

I.5.1Cromatografia em camada fina (TLC)

A cromatografia em camada fina (CCF) é um método de separação física baseado principalmente na afinidade química entre duas fases, uma estacionária e outra móvel: a fase estacionária é um sólido fixado a uma placa de alumínio, plástico ou vidro. A fase móvel é um solvente ou uma mistura de solventes, que se desloca ao longo da fase estacionária. Uma vez depositado o soluto na fase estacionária, as substâncias migram essencialmente da base da placa para cima, por ação capilar, a uma velocidade que depende das forças electrostáticas que prendem o componente à fase estacionária e da sua solubilidade na fase móvel, caracterizada por uma razão frontal (Rf).

Para acompanhar a evolução da nossa reação, utilizámos placas de TLC de tamanho variável em função do número de produtos a testar. As manchas de produtos foram depositadas nas placas. O eluente utilizado para esta reação consistiu em metanol e diclorometano (4/1, v/v) para uma migração clara. As placas foram reveladas com uma lâmpada UV regulada para [254, 365 nm].

I.5.2 Espectrofotometria UV-vis

A espetroscopia de absorção no ultravioleta e no visível (UV-vis) é um método de análise quantitativa e qualitativa. Baseia-se no fenómeno de absorção da energia luminosa por uma substância na gama (200-800 nm). Quando uma molécula absorve uma parte da energia da radiação electromagnética, esta é automaticamente acompanhada por uma transição eletrónica de um nível fundamental para um nível de energia superior. Estas transições electrónicas, que ocorrem à escala molecular, envolvem os electrões de valência. As absorções de energia são expressas pela lei de Beer-Lambert. Esta lei é utilizada para medir a absorvância A, ou a transmissão T %.

$$T(\%) = \frac{I}{I_0}$$

$$A = \varepsilon . l . c$$

Onde:

I0: Intensidade da luz incidente.

I: Intensidade da luz transmitida.

C: Concentração da solução em mol/l.

T: Percentagem de transmissão.

A: Absorvância.

No nosso trabalho, os espectros UV-Vis do produto sintetizado 4,4'- TDMBP e do seu produto de partida (4,4'-TDA) foram registados em DMSO utilizando células de quartzo de 1 cm de largura preenchidas com uma solução do produto sintetizado ou do produto de partida em DMSO, à temperatura ambiente na gama de 200 nm a 900 nm.

I.5.3 Espectrómetro de infravermelhos (IR)

$^{-1}$Um espetrómetro de infravermelhos produz um documento básico denominado espetro de infravermelhos. Os espectros de infravermelhos são registados traçando o inverso do comprimento de onda (número de onda), expresso em cm, no eixo x . A ordenada indica a transmitância ou percentagem (T%) de cada radiação. Cada banda é caracterizada pelo seu máximo de absorção e pela sua intensidade relativa (F: forte, m: média, f: fraca).

Os espectros FT-IR do composto sintetizado 4,4'- TDMBP e do seu produto de partida 4,4'- TDA foram registados na fase sólida num espetrómetro JASCO FT/IR-4200. $^{-1}$Os espectros foram registados na gama 4000-500 cm .

I.5.3 Ensaios de solubilidade

A solubilidade é um método quantitativo e uma das propriedades físicas caraterísticas das substâncias químicas, que se refere à capacidade de um soluto se dissolver num solvente para formar uma solução homogénea. Os ensaios de solubilidade foram efectuados em laboratório, utilizando uma série de solventes (água, metanol, etanol, DMSO, clorofórmio, acetato de etilo, diclorometano) e uma quantidade do produto de síntese 4,4'-TDMBP ou do produto de partida 4,4'-TDA, com agitação.

Tabela III.3: Resultados do ensaio de solubilidade para o 4,4'-TDA e A4.4'-TDMBP.

Solvant	4,4'-TDA	A4,4'-TDMBP
Eau	-	-
Ethanol	+	-
Méthanol	+	-
(DMSO)	+	+
Chloroforme	+	-
Dichlorométhane	+	-
Acétate d'éthyle	+	-

(-: insolúvel, +: solúvel)

O teste de solubilidade que realizámos mostrou que o nosso produto não era solúvel em nenhum dos solventes testados, com excepção do DMSO.

I.5.5 Ponto de fusão

O ponto de fusão é a temperatura à qual um corpo passa do estado sólido para o estado líquido. É uma propriedade física caraterística da matéria que fornece informações essenciais sobre a composição e a pureza dos materiais. O ponto de fusão do produto de síntese (4,4'-TDMBP) foi determinado utilizando um Fusiómetro de Ponto de Fusão B-540 (BUCHI), um dispositivo de medição com um gradiente de temperatura que varia de 20 a 900°C. O produto é colocado diretamente em tubos capilares sem necessidade de qualquer acessório e, quando aquecido a partir de um determinado ponto, aparece uma mudança de textura na amostra.

Tabela III.4: Pontos de fusão dos produtos sintetizados e dos seus materiais de partida.

Produit	Point de fusion (°C)
4,4'-TDA	105-107
A4,4'-TDMBP	172

Capítulo 2: Métodos de avaliação da atividade antioxidante.

II.1 Método químico (DPPH)

A atividade antioxidante é determinada utilizando o radical estável 2,2-difenil-1-picrilhidrazil (DPPH·). O radical DPPH é roxo na sua forma oxidada, se for adicionado um antioxidante torna-se amarelo, a sua forma reduzida é chamada 2,2-difenil-1-picrilhidrazina (DPPH-H).

DPPH- + AH → DPPH-H + A-

Ou (AH) é um composto capaz de ceder um H ao radical DPPH·.

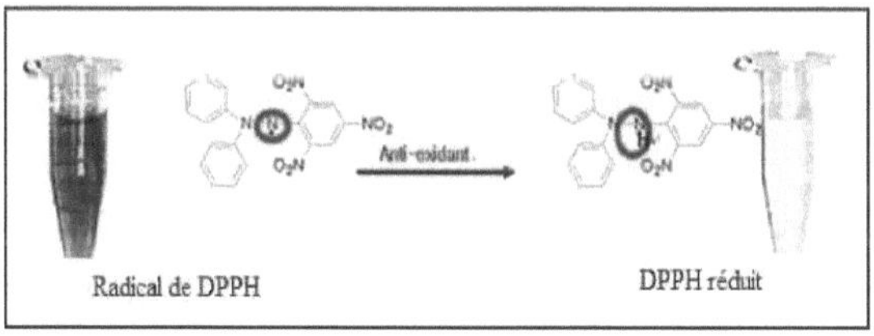

Figura II. 1: Redução do radical DPPH.

O DPPH· é amplamente utilizado para testar a capacidade de eliminação de radicais livres do composto em teste, com o seu máximo de absorção em cerca de $\lambda = 517$ nm em metanol e etanol.

A reação de transferência de hidrogénio do antioxidante para o DPPH* é monitorizada por espetroscopia visível, registando a diminuição da banda de absorção do DPPH* a $\lambda = 517$ nm (diminuição da coloração violeta). Este teste pode ser utilizado para determinar vários parâmetros de comparação entre antioxidantes. O IC50, parâmetro que define a concentração efectiva de um composto que provoca a perda de 50% da atividade do radical DPPH*. Quanto mais baixo for o valor do IC50, mais potente é considerado o composto como antioxidante (Molyneux, 2004). Para medir esta atividade, utilizámos o método descrito por Que (Que et al. 2006). Uma solução metanólica de 0,04 mg/ml de DPPH é misturada com diferentes concentrações da molécula sintetizada (1mg/ml) diluída com metanol/DMSO (50-800 µg/ml), adicionamos 150 µl de cada diluição deste produto(4,4'-TDMBP) num tubo de ensaio, depois adicionamos 750 µl de solução metanólica de DPPH, agitamos bem com um vórtex e deixamos incubar durante 30 min no escuro à temperatura ambiente. De seguida, procedeu-se à leitura da absorvância a 517 nm em relação a um branco com metanol/DMSO. Repetimos as mesmas operações, substituindo o produto sintetizado (4,4'-TDMBP) por ácido ascórbico (controlo positivo). O controlo negativo é constituído por 0,5 ml de solução metanólica de DPPH e 0,5 ml de metanol. Todas as operações foram efectuadas em duplicado. A avaliação da atividade antioxidante pelo método DPPH é expressa em percentagem de inibição de acordo com a seguinte relação:

$$\%\ d'inhibition = \frac{A_{DPHH} - A_{Echantion}}{A_{DPPH}} \times 100$$

Onde:

A_{DPPH}: absorvância da reação de controlo isolada.

$A_{Emostra}$: absorvância na presença do produto ensaiado.

II.1 Método eletroquímico (VC)

A voltametria cíclica, mais conhecida como voltametria cíclica (CV), é um dos métodos electroquímicos mais eficazes para caraterizar as reacções de transferência de carga. Envolve a imposição de uma rampa de potencial linear com uma taxa de varrimento positiva ou negativa e o registo da intensidade da corrente. A configuração geralmente utilizada consiste em três eléctrodos (um elétrodo de trabalho de carbono vítreo, um elétrodo de referência Ag/AgCl, um elétrodo auxiliar de placa de platina, uma célula eletroquímica e um circuito eletrónico, denominado potencióstato, para modificar o potencial e registar a corrente.

Antes de começar a traçar os voltamogramas, preparamos o eletrólito de suporte que é o tetrafluoro borato de tetrabutilamónio (TBu4NBF4) solubilizado em DMSO a uma concentração de 0,1 M. As soluções de medição foram preparadas a partir de uma solução-mãe preparada pela dissolução do produto em estudo 4,4'-TDMBP (0,06 g) em 10 ml de DMSO. O elétrodo de trabalho foi decapado por polimento com um papel contendo uma pasta de diamante, depois lavado com água destilada e depois com DMSO antes de cada manipulação. Antes de cada manipulação, saturámos a solução de estudo borbulhando com O2 durante 5 minutos. As medições foram efectuadas numa amostra de 10 ml de volume. Os voltamogramas cíclicos foram registados após 10 minutos de borbulhamento da solução com o2. Repetir as mesmas operações, substituindo o produto sintetizado por ácido ascórbico. Antes de iniciar o estudo do nosso produto, especificámos a gama de electroactividade do eletrólito de suporte [-1200, - 400 mv] com uma velocidade de varrimento de 50 mv/s.

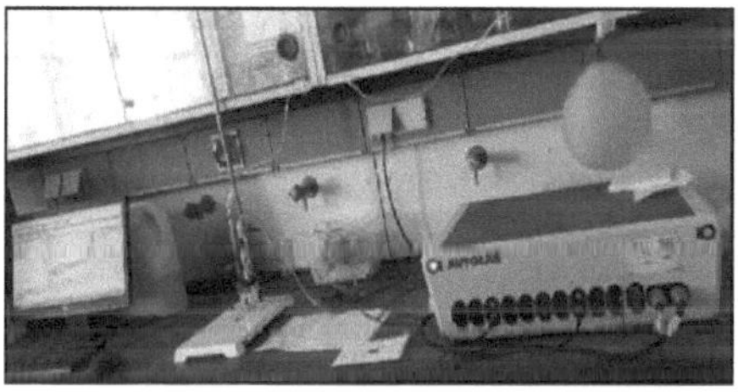

Figura II. 2: Montagem experimental utilizada para as medições voltamétricas.

A percentagem de atividade de eliminação de radicais em relação aos radicais superóxido dos compostos foi calculada utilizando a seguinte equação:

$$I\% = \frac{I^0_{pa} - I_{pa}}{I^0_{pa}} X100$$

Onde:

$^0I_{pa}$: Corrente do pico de oxidação anódica do O2 sem o composto testado.

I_{pa}: a corrente do pico anódico da oxidação de O2 com o composto em ensaio

Capítulo 3: Resultados e discussões

III.1Síntese do A4,4'-TDMBP

A principal via direta para o ácido α-aminofosfónico é uma reação one-pot que envolve três componentes, dois dos quais são nucleófilos e o terceiro electrofílico, conhecida como reação de Irani-Moedritzer. Envolve um composto carbonílico (aldeído), uma amina e um ácido fosforoso num meio ácido (HCl), de acordo com a reação ilustrada na Fig.

III. 1.

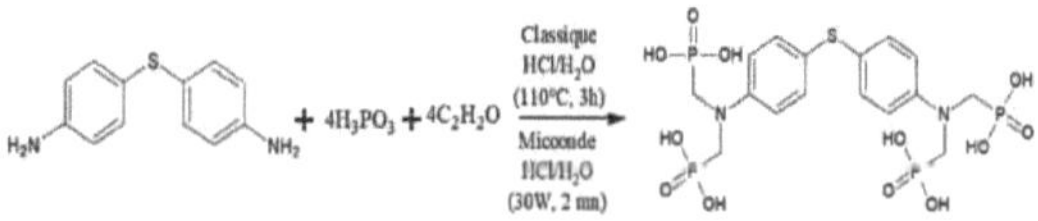

Figura III.1: Diagrama esquemático da reação de síntese do A4,4'- TDMBP.

III.2 Reagentes utilizados

As caraterísticas físico-químicas dos reagentes utilizados na síntese do A4,4'-TDMBP são apresentadas na Tabela III.1.

Tabela III.1: Propriedades físico-químicas dos reagentes utilizados.

Réactifs	Formule brute	M (g/mol)	Densité (g/cm^3)	Pureté %
Eau	H_2O	18.01	1	100
Acide phosphoreux	H_3PO_3	82.00	1.65	97
Acide chlorhydrique	HCl	36.45	1.19	37
Formaldéhyde	CH_2O	30.02	0.81	37
4,4'-Thiodianiline	$C_{12}H_{12}N_2S$	216.30	1.26	98

III.3 Caracterização do A4,4'-TDMBP

III.3.1 Cromatografia de camada fina (TLC)

Acompanhámos o progresso da reação química utilizando uma placa de TLC coberta com gel de sílica desenvolvida com uma mistura eluente de metanol e diclorometano numa proporção de (4/1, v/v). A análise da placa sob uma lâmpada UV permite estimar o fim da reação e testar a pureza do produto. No nosso caso, o aparecimento de uma única mancha para o produto sintetizado, diferente da do produto de partida, confirma o fim da reação e a obtenção de um novo produto. A placa de TLC mostra o desaparecimento da mancha do produto de partida (amina), que é apolar, mas a mancha do produto sintetizado não é deslocada, o que explica a polaridade do composto.

A razão frontal (Rf) ou fator de retenção de um composto é a razão entre a distância entre a linha de deposição e o composto e a distância entre a linha de deposição e a frente do solvente, situa-se entre 0 e 1 e é caraterística do composto, do material da placa e do sistema de eluição (Boulekras, 2014). A partir da placa de TLC, determinámos o rácio frontal (Rf) através da seguinte equação:

Tabela III.2: Razões frontais do produto de partida e do composto sintetizado.

Os produtos	Rf
4,4'-TDA	0.66
A4,4'-TDMBP (MO)	0.00
A4,4'-TDMBP (Clássico)	0.00

Podemos ver que o Rf do produto de partida é completamente diferente do do composto sintetizado, indicando que a síntese foi bem sucedida. Em seguida, procederemos a uma análise mais pormenorizada (por exemplo, RMN, MS, etc.) para garantir que o composto obtido é efetivamente o produto esperado.

III.2.1 Ensaios de solubilidade

Após a síntese, foram efectuados testes qualitativos de solubilidade do produto sintetizado e do produto de partida nos solventes disponíveis. Os resultados obtidos estão resumidos na Tabela III.3.

Tabela III.3: Resultados dos ensaios de solubilidade para 4,4'-TDA e A4,4'-TDMBP.

Solvente	4,4'-TDA	A4,4'-TDMBP
Água	-	-
Etanol	+	-
Metanol	+	-
DMSO	+	+
Clorofórmio	+	-
Diclorometano	+	+
Acetato de etilo	+	+

(-: insolúvel, +: solúvel)

O teste de solubilidade que efectuámos mostrou que o nosso produto era solúvel apenas em DMSO, diclorometano e acetato de etilo.

III.3.3 Ponto de fusão

O ponto de fusão é uma propriedade caraterística das substâncias sólidas. É a temperatura à qual o estado sólido passa para o estado líquido. Utilizámos esta análise para determinar a temperatura de fusão do novo composto obtido.

Os resultados do ponto de fusão do produto sintetizado e do produto de partida são apresentados no Quadro III 4, o que indica que o ponto de fusão do composto sintetizado é diferente do ponto de fusão do produto de partida.

Tabela III.4: Pontos de fusão dos produtos sintetizados e dos seus materiais de partida.

Produto	Ponto de fusão (°C)
4,4'-TDA	105-107
ʾA4.4 -TDMBP	172

III.2.2 Caracterização por espetrofotometria UV-vis.

Os espectros UV-vis do produto sintetizado e do material de partida são apresentados nas Figuras III.3 e III.4.

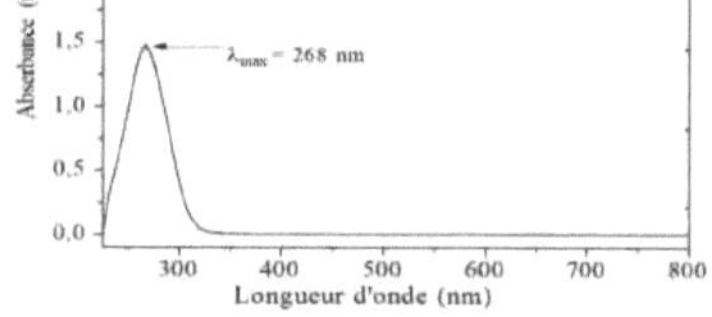

Figura III.3: Espectro de absorção UV-vis do 4,4'-TDA em DMSO.

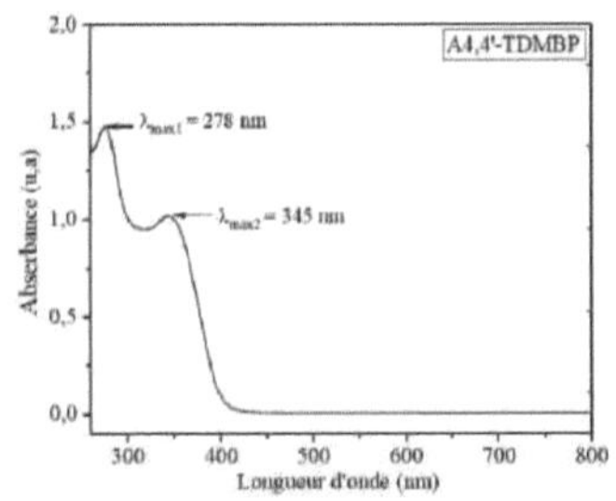

Figura III.4: Espectro de absorção UV-vis do A4, 4'- TDMBP em DMSO.

A partir destes espectros, podemos observar uma clara diferença entre o espetro do produto sintetizado e o espetro do produto de partida, representada pela criação de outras bandas no espetro. O espetro UV-vis registado para o produto de partida 4,4'-TDA é caracterizado por uma banda de absorção localizada a λ max = 268 nm, que se deve a sistemas aromáticos ou à excitação eletrónica nesta região. Na gama do visível, este composto é transparente e não apresenta qualquer absorção.

O espetro UV-vis registado para o A4,4'-TDMBP é caracterizado por duas bandas de absorção: uma banda forte em λ_{max1} = 278 nm, que se deve a sistemas aromáticos ou à excitação eletrónica $\pi \rightarrow \pi^*$ nesta região, e uma banda média em λ_{max2} = 345 nm que corresponde à transição eletrónica $n \rightarrow \pi^*$. Para a nossa molécula, este tipo de transição está ligado à presença de heteroátomos (O, N e P) portadores de doublets de electrões livres.

III.2.3 Caracterização por espetroscopia de infravermelhos

Os espectros de IV do produto de partida e da molécula sintetizada são apresentados nas Figuras III.5 e 6.

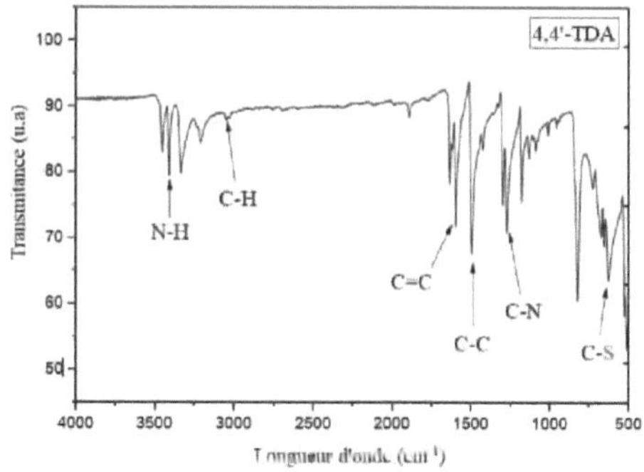

Figura III.5: Espectros IR caraterísticos do 4,4'-TDA.

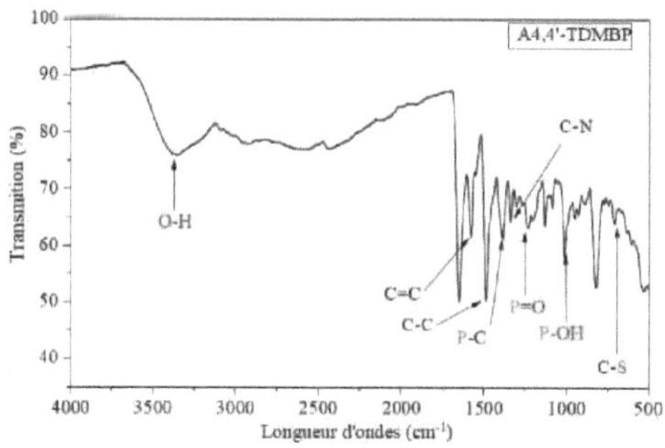

Figura III.6: Espectros IR caraterísticos de A4,4'- TDMBP

Os espectros de IV do composto A4,4'-TDMBP e do seu produto de partida 4,4'-TDA mostram a existência de picos caraterísticos dos grupos funcionais, os quais estão ilustrados na Tabela III.5. O espetro de IV do 4,4'-TDA (Figura III.5) mostra uma banda de absorção a 3404 cm-1 devido à vibração de alongamento do grupo amina primária (NH_2). As bandas de absorção caraterísticas das funções presentes no composto 4,4'-TDA, tais como C-S, C=C, C-N, C-C, e C-H e as suas atribuições estão agrupadas na Tabela III.5. $^{-1--1}$O espetro de IV do A4,4'- TDMBP (Figura III.6) obtido mostra uma banda larga de absorção a 3359 cm devida à vibração de alongamento do grupo hidroxilo (OH) e o aparecimento de uma banda a 1014 cm 1 atribuída ao grupo (P-OH), e a banda correspondente ao modo de alongamento 1234 cm atribuída a (P=O), o que confirma a obtenção do ácido α-aminofosfónico. Em conclusão, o desaparecimento total da função amina primária NH2 do espetro da molécula sintetizada e o aparecimento dos grupos P=O, P-OH e P-C confirmam, sem dúvida, o êxito da síntese do ácido α-aminofosfónico.

$^{-1}$Tabela III.5: Principais frequências de infravermelhos (cm) do produto sintetizado e do produto de partida.

4,4'-TDA	A4,4'-TDMBP	Domaine/littérature	Assignements
/	3359	(3700-3125)	O-H
/	1400	(1445-1405)	P-C
1266	1333	(1340-1250)	C-N
/	1234	(1240-1150)	P=O
/	1014	(1040-910)	P-OH
614	700	(700-570)	C-S
1605	1582	(1600-1500)	C=C
3404	/	(3530-3400)	N-H
3037	3330	(3100-3000)	C-H
1490	1476	(1600-1450)	C-C

III.4 Avaliação da atividade antioxidante

III.4.1 Método químico (DPPH)

A atividade de eliminação de radicais livres é avaliada utilizando o método DPPH, que é frequentemente utilizado pela sua simplicidade e rapidez na estimativa da atividade de eliminação de radicais livres de um composto. Este método baseia-se na redução de uma solução alcoólica de DPPH na presença de um antioxidante que doa um hidrogénio ou um eletrão, formando-se a forma não-radicalar DPPH-H.

A atividade antioxidante do produto obtido em relação ao radical DPPH foi avaliada através do método espetrofotométrico, monitorizando a redução deste radical. Para tal, utilizámos um espetrofotómetro para medir as absorvâncias das amostras a λ = 517 nm. Esta capacidade de redução é determinada por uma diminuição da absorvância induzida por substâncias anti-radicais.

Os resultados obtidos permitem traçar a variação da percentagem de inibição em função da concentração da molécula sintetizada e do ácido ascórbico I % = f (C) (Figuras III.7 e III.8).

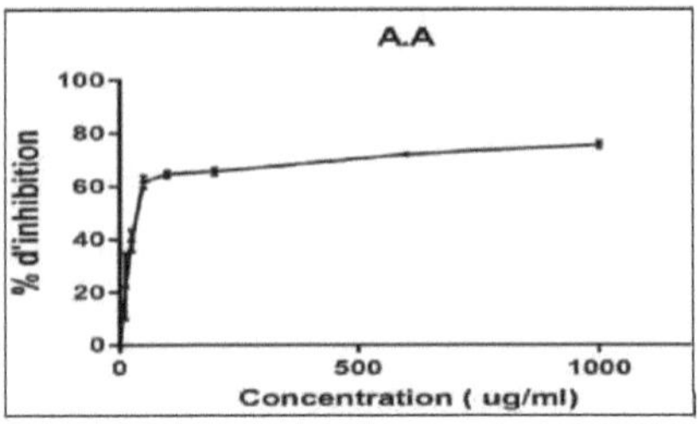

Figura III. 7: Atividade de eliminação de radicais de **A-A** em função da concentração.

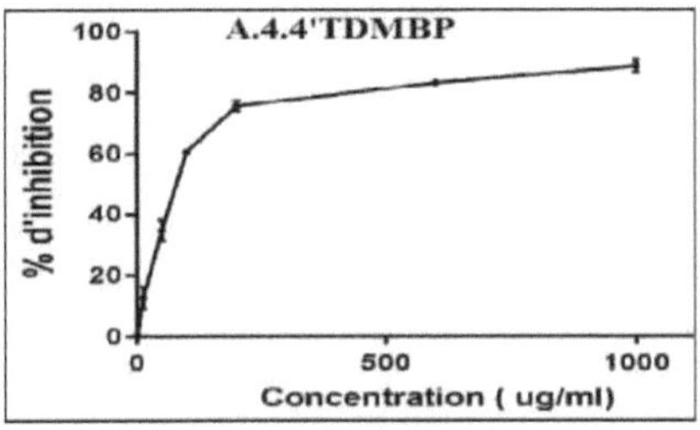

Figura III.8: Atividade de eliminação de radicais do A4,4'- TDMBP em função da concentração.

Estes valores mostram um aumento da percentagem de inibição do produto sintetizado e do ácido ascórbico, com o aumento da concentração. Para melhor caraterizar o poder anti-radical livre, foi introduzido um parâmetro, o IC50. Este valor foi determinado graficamente a partir das curvas que representam a variação da percentagem de inibição em função da concentração do composto estudado, e comparado com o do antioxidante padrão (A.A). Os IC50 do produto estudado e do A.A foram determinados e são apresentados na Tabela III.6.

Tabela III.6: Comparação dos IC50 do produto sintetizado e do ácido ascórbico.

Produit	A-A	A4,4'-TDMBP
IC50 (µg/ml)	25,08 ± 3.88	64.82 ± 4,64

Para uma melhor comparação entre a atividade antioxidante da molécula sintetizada e o padrão, apresentámos os valores de CI 50 sob a forma de um histograma (Figura III.9). Em geral, quanto mais baixo for o valor de CI 50, mais elevada é a atividade antioxidante de um composto.

Para a mesma concentração, o IC50 do nosso produto é próximo do do ácido ascórbico. A atividade antioxidante do A4,4'-TDMBP pode ser explicada pela presença de ambos os grupos fosfonato (O=P (OCH2CH3) e o grupo (C-N) na sua estrutura molecular.

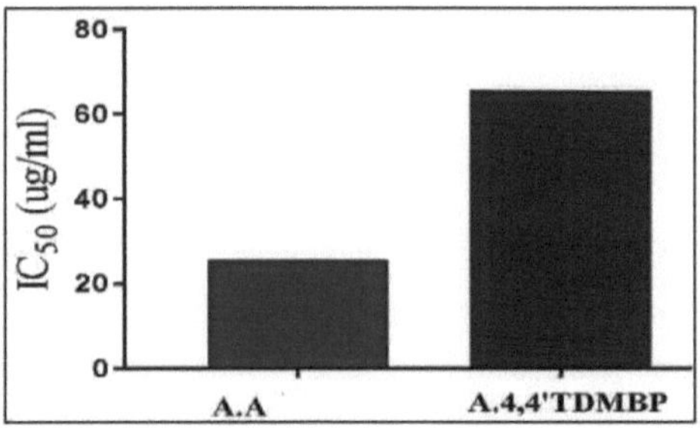

Figura III.9: IC50 da atividade de eliminação do radical livre DPPH de A4,4'-TDMBP e A-A.

III.4.2 Método eletroquímico

A voltametria cíclica é utilizada para determinar a atividade antioxidante de um radical. •⁻ Este método baseia-se na geração eletroquímica de O pela redução do oxigénio dissolvido no solvente DMSO. • $_2$O superóxido O é formado pela redução de um eletrão do dióxido O , de acordo com a seguinte reação:

$$O_2 + 1e^- \rightarrow O_2^{\bullet -}$$

III.4.1.1 Voltametria cíclica do oxigénio isolado

Os voltamogramas cíclicos de oxigénio foram registados numa célula eletroquímica contendo 20 µl de solução electrolítica (Bu4NBF4 (0,1M)/DMSO), que estava saturada com O_2. A solubilidade do oxigénio em DMSO é de 2,1 mM. Os voltamogramas foram registados a uma velocidade de varrimento de 50 mv/s numa gama de -1000 a -300 mV/SCE e à temperatura ambiente. A Figura III.10 mostra o voltamograma cíclico do oxigénio no meio Bu4NBF4/DMSO com uma velocidade de 50 mV/s, na ausência do composto sintetizado.O voltamograma cíclico do radical anião superóxido mostra um processo reversível com picos de oxidação e redução com ΔEp = 70 mV, o que está em boa concordância com trabalhos citados na literatura (Vasudevan et al., 1995).

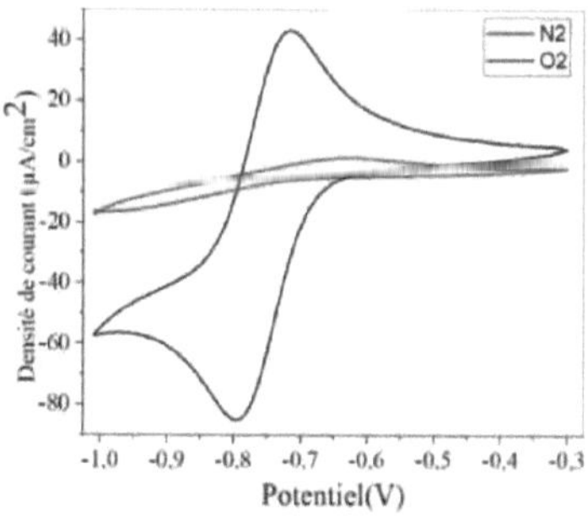

Figura III.10: Voltametria de oxigénio no meio Bu4NBF4/DMSO a 50 mV/s.

III.4.1.2 Voltametria cíclica de oxigénio na presença dos compostos testados

˙O composto testado deve ser inativo na gama de potencial do par $O_2/O^{\bullet}$ para evitar interferências ou interpretações complexas do voltamograma. Por esta razão, antes de estudar o aprisionamento radicalar do nosso composto em relação ao radical superóxido, procedeu-se à sua voltametria cíclica, tendo o composto sido inativo nesta gama de potencial. As alterações na forma do voltamograma cíclico de A-A e A4,4'- TDMBP são comparáveis. O voltamograma cíclico do radical anião superóxido na presença de A-A e de A4,4'- TDMBP mostrou uma diminuição proporcional à corrente anódica, enquanto a intensidade da corrente catódica não se alterou significativamente (Figura III.11).

A diminuição da corrente anódica do anião superóxido (Figura III .11) sugere que os produtos testados estão a reagir irreversivelmente com este radical, não se observando qualquer alteração no pico catódico, o que indica a ausência de interações entre os compostos testados e o oxigénio molecular. O radical anião superóxido formado electroquimicamente reage com o antioxidante (ROH) e forma uma espécie electroactiva sob a forma de um radical e de uma base conjugada de peróxido de hidrogénio; por outro lado, a base antioxidante que recebe um protão para formar um produto relativamente estável, RO$^{\cdot}$, é considerada pouco tóxica devido à elevada probabilidade da sua dimerização.

$$O_2^{\bullet-} + ROH \rightarrow (RO - HO_2^{\bullet}) \rightarrow \quad HO_2^- + RO^{\bullet}$$

$$HO_2^{\bullet} + ROH \rightarrow H_2O_2 + RO^{\bullet}$$

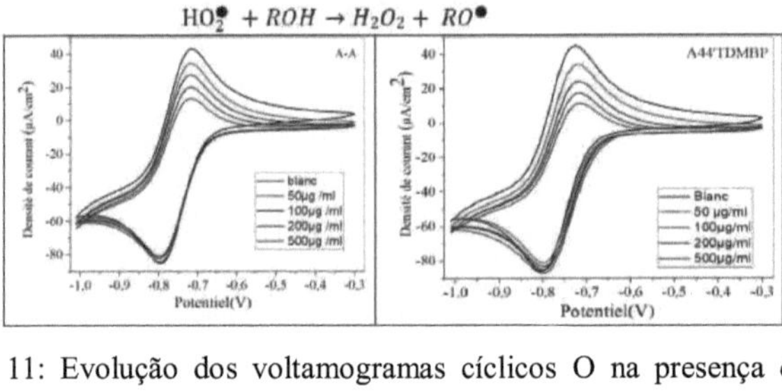

$^{\bullet-}$Figura III. 11: Evolução dos voltamogramas cíclicos O na presença de diferentes concentrações de A- A e A4,4'-TDMBP

Referências

- Abramov (1952). Reação de fosfitos de dialquilo com aldeídos e cetonas. Um novo método de preparação de ésteres de ácidos hidroxialcanofosfónicos. Zh Obshch Khim, 22:647 - 652.

- ChristopherR, Strauss, Rajender S, Varma (2006) Microwave in Green Sustainable Chemistry, Top Curr Chem 266 :199-231.

- DamicheR. (2017). dissertação de doutoramento em engenharia de processos farmacêuticos. Université Ferhat Abbas sétif-1.

- Mehri M, Chafai N, Ouksel L ,Benbouguerra K, Hellal A , Chafaa S. (2018). Jornal de Estrutura Molecular 1171: 179-189.

- L. Ouksel, R. Bourzami, S. Chafaa, N. Chafai, Journal of Molecular Structure, 1222 (2020) 128813-128825.

- L. Ouksel, R. Bourzami, N. Hamdouni, A. Boudjada, Journal of Molecular Structure, 1229 (2021) 129792129803.

- R. Bourzami, L. Ouksel, N. Chafai, Jornal de Estrutura Molecular 1195 (2019) 839-849.

More Books!
yes
I want morebooks!
Buy your books fast and straightforward online - at one of world's fastest growing online book stores! Environmentally sound due to Print-on-Demand technologies.
Buy your books online at
www.morebooks.shop
Compre os seus livros mais rápido e diretamente na internet, em uma das livrarias on-line com o maior crescimento no mundo! Produção que protege o meio ambiente através das tecnologias de impressão sob demanda.
Compre os seus livros on-line em
www.morebooks.shop
info@omniscriptum.com
www.omniscriptum.com
OMNIScriptum

MIX
Papier aus verantwortungsvollen Quellen
Paper from responsible sources
FSC® C105338

Printed by Books on Demand GmbH, Norderstedt / Germany